园艺大师系列

园艺大师藤川史雄的 *100* 种空气凤梨

栽培手记

[日] 藤川史雄　著

新锐园艺工作室　组译

于国琛　李　颖　马剑芬　张文昌　译

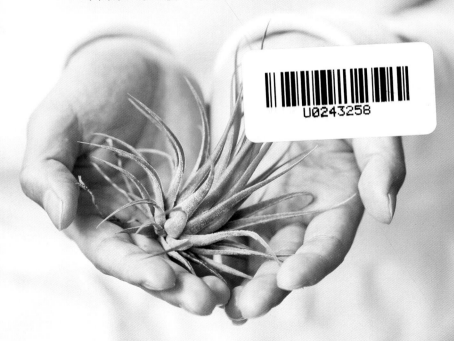

U0243258

中国农业出版社
北京

前言

计划出版这本书时，我又重新思考了关于空气凤梨的事。

我为什么会如此喜爱这种植物？

为何每天乐此不疲地照顾着它们？

莳养空气凤梨时，

它的外观并不能让人每天感受到她的明显变化。

不过，若试着每天细心地观察，

还是能发现她们正悄悄地、慢慢地长大，

开花、长出子株，偶尔状况不佳令人担心……

发现每个细微变化的瞬间都让我非常开心，

更增添了照顾她们的乐趣，就像变了一个人似的。

想象今天浇水，一个月后植株会呈现的变化，

内心就会无比喜悦和充满期盼。

走在不太宽敞的温室中，

每天都能发现植物某处有了些许变化，

在高兴或担忧的同时，

感觉这小小的温室带给我的喜和忧，对我也是一种历练。

空气凤梨姿态万千，花朵美丽奇异，

以及从空气中吸收水分的习性等，处处散发神奇的魅力。

最初被空气凤梨姿态吸引而购买的人，

若能发现天天都在变化的空气凤梨的栽培乐趣，

对我来说就是最开心的事了。

本书若能对此有所帮助，我感到非常荣幸。

藤川史雄

目录

前言

索引

Chapter 1

认识空气凤梨

空气凤梨又被称为 Air Plants，广受大众
欢迎。
有六百多个品种及变种。
本章将介绍日本常见的空气凤梨及其原
产地和特征。

空气凤梨原产自南美洲和美国南部，是凤梨科铁兰属植物（极少数为丽穗凤梨属），同科的还有凤梨属的观叶植物。它们的特征是附生在其他植物上，生长在空气中，靠叶片上的鳞片吸收空气中的水分和养分，同时吸收空气中的有害气体，因此也被称为 Air Plants。

空气凤梨的故乡

空气凤梨原产地分布广泛，从北美南部到加勒比海岛群，其中也包括南美洲；生长环境也十分迥异，从雨林到几乎从不下雨的沙漠，它们在野外主要附生在其他植物上，以获得适度的光照、空气、水分等，也能有效地吸收夜间的露水来生长。

生长在吹着谷风、通风良好的崖边树枝上的'费西古拉塔'（*Tillandsia fasciculata*）
高度：1 000 米
墨西哥·普埃布拉州
（清水秀男，1988）

空气凤梨各部位的名称

　　不同种类的空气凤梨，其形态特征也五花八门。除叶色和叶形丰富外，还能看见充满个性的各种变化，例如花形、花色、开花时花茎伸展的姿态等。以下将大致介绍空气凤梨各部位名称及特征。

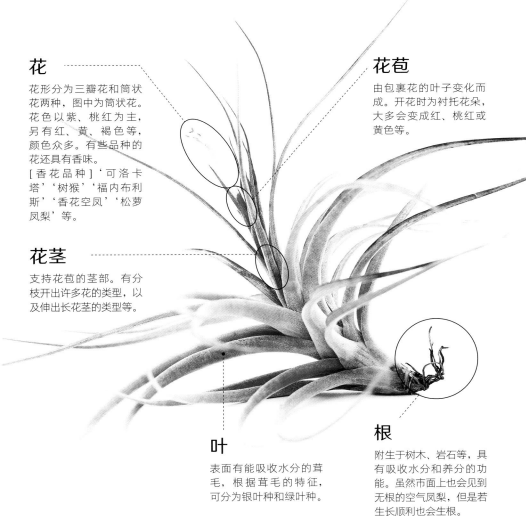

花

花形分为三瓣花和筒状花两种，图中为筒状花。花色以紫、桃红为主，另有红、黄、褐色等，颜色众多。有些品种的花还具有香味。
[香花品种]'可洛卡塔''树猴''福内布利斯''香花空凤''松萝凤梨'等。

花茎

支持花苞的茎部。有分枝开出许多花的类型，以及伸出长花茎的类型等。

花苞

由包裹花的叶子变化而成。开花时为衬托花朵，大多会变成红、桃红或黄色等。

叶

表面有能吸收水分的茸毛，根据茸毛的特征，可分为银叶种和绿叶种。

根

附生于树木、岩石等，具有吸收水分和养分的功能。虽然市面上也会见到无根的空气凤梨，但是若生长顺利也会生根。

空气凤梨与积水凤梨

空气凤梨与积水凤梨属凤梨科植物。两者生态习性有很多相似之处，本书主要介绍空气凤梨，同时穿插介绍了个别积水凤梨品种。空气凤梨主要吸收附于叶片表面的水分，而积水凤梨则是吸收储存在叶间的水分。

空气凤梨可依据叶片形态分为两类，一类是叶片茸毛较多、植株外观呈银白色的银叶种；另一类是具有较少茸毛、植株外观呈绿色的绿叶种。

Tillandsia type 01	Air type	空气凤梨

银叶种

这类空气凤梨喜明亮的环境，茸毛发达，耐旱。如簇生茂密茸毛的'鸡毛掸子'，以及长有细丝绒般茸毛的'霸王凤'等。依茸毛不同的长度和外形，呈现出丰富多彩的形态。

由于它们耐旱，如果茸毛中长时间滞留水分，植株容易腐烂，这点请务必留意。

绿叶种

这类空气凤梨茸毛少，喜水，不耐强光和干旱环境。它们原生在雨水较多的地区，因此栽培管理时也要给予较多的水分。

代表品种有叶色水嫩的'三色花''多国花'，以及叶上有斑纹花样的'虎斑'等。

典型银叶种

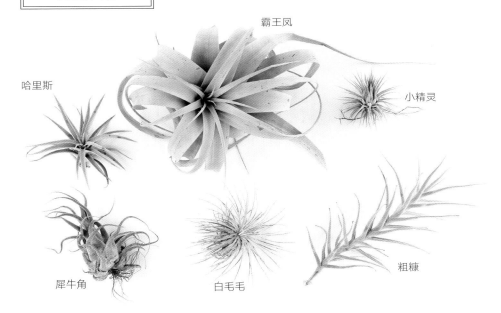

霸王凤

哈里斯

小精灵

犀牛角

白毛毛

粗糠

典型绿叶种

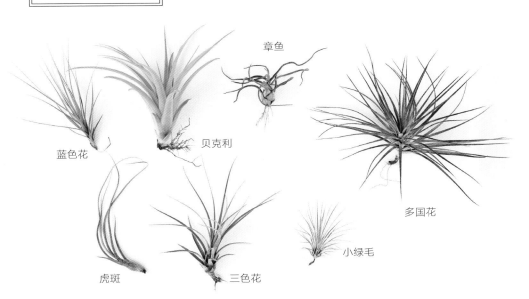

章鱼

贝克利

蓝色花

多国花

虎斑

三色花

小绿毛

5

积水凤梨是在植株基部的叶间储存水
分供叶片吸收，而且根部也能吸收水分。
它们比空气凤梨更喜水，适合选择能保持
湿度的盆器栽种。让它们经常保持叶间积
水的状态很重要，浇水时，请浇淋大量的
水分，以更新旧的积水。

有的积水凤梨，子株时植株中央不需积水，长大后则需要，如
'米玛''利玛尼'等。

典型积水凤梨

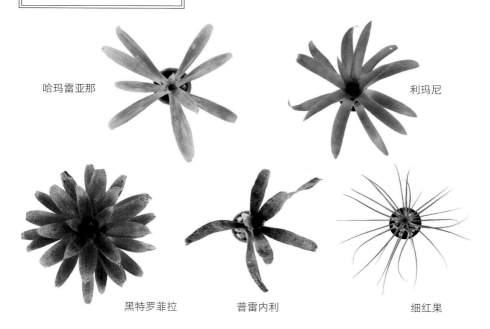

哈玛雷亚那

利玛尼

黑特罗菲拉

普雷内利

细红果

Chapter 2

空气凤梨图鉴

本书中，依字母排序介绍 100 种空气凤梨。请参照图鉴的阅读说明，了解它们的不同特征吧！

图鉴的阅读说明

玫瑰精灵 ❶
T. ionantha var. *stricta* 'Rosita' ❷

属名　种名　变种名　品种名

❶ 中文名
❷ 学名，以拉丁文表示。空气凤梨是凤梨科铁兰属植物，所以属名是 *Tillandsia*，本书中缩写为 *T.*。每个种的名称以属名＋种名来表示。此外，种以下还可分为变种、亚种等，变种以拉丁文缩写 **var.** 表示，亚种以 **ssp.** 来表示。

缩写的意义	
ssp.	= 亚种
var.	= 变种
forma / f.	= 变型
' '	= 园艺品种
( )	= 附注该个体表现的特征、原产地等

Data

类型	银叶	Ⓐ
大小	中	Ⓑ
栽培容易度		Ⓒ
购买容易度		Ⓓ
花色	紫	Ⓔ

Ⓐ 根据空气凤梨的特征和区别，以银叶／绿叶／积水来表示。

Ⓑ 花的大小：10 厘米以下为小；20 厘米以下为中；大于 20 厘米为大。

Ⓒ 栽培容易度以图案分为三个等级。
　　 = 难
　　 = 普通
　　 = 容易

Ⓓ 购买容易度以图案分为三个等级。
　　 = 难
　　 = 普通
　　 = 容易

Ⓔ 表示花色。

空气凤梨图鉴　1

阿卡蒂
T. acostae

原产于中美洲。与'费西古拉塔'
（P36）等为近似种。叶质略软，喜水，盆
栽时适用浮石等基质栽培，置于室外时请
保持叶间积水，放在明亮的地方管理，能
培养出健康的植株。花苞为红、黄两色，
花紫色，开花后能呈现三种华丽的色调。

Data

类型	银叶
大小	中
栽培容易度	🌾🌾🌾
购买容易度	🪣
花色	紫

经良好日照，花苞和花朵的色调会变得更浓艳。

紫罗兰
T. aeranthos

Data

类型	银叶
大小	中
栽培容易度	🌾🌾🌾
购买容易度	🪴🪴
花色	紫

三月即可开花，比其他品种花期早。

　　从巴西到阿根廷，分布区域非常广。即使同一品种变化也相当丰富，还有许多杂交种，叶色和花色更是多姿多彩。开花情况佳，容易栽培，建议可作为入门品种。鲜艳的桃红色花苞与深紫色三瓣花产生强烈对比，充满异国情调。

紫罗兰×黄水晶
T. aeranthos × T. ixioides

'紫罗兰'和'黄水晶'的杂交种。'紫罗兰'的桃红和'黄水晶'的黄混杂，加上透明的灰色花朵，看上去非常美丽。生命力较强，易栽培，开花状况良好，推广前景较好。

Data	
类型	银叶
大小	中
栽培容易度	🌾 🌾
购买容易度	🪣
花色	灰

泛红的桃红色和灰色组合，散发独一无二的魅力。

迷你紫罗兰
T. aeranthos 'Mini Purple'

Data

类型	银叶
大小	小
栽培容易度	🌱 🌱 🌱
购买容易度	🪴 🪴
花色	紫

与植株相比，花苞显得较大，给人华丽的印象。

　　它是原产于巴西的园艺品种。因叶色带紫，外形比'紫罗兰'小，故得此名。若给予充足的日照，叶色会变得深浓，光是叶色就极具观赏性。此外，它属于基本种，也很容易栽培，开花状况良好，长出的子株易形成分枝，也是它的魅力所在。

紫罗兰×黄金花
T. aeranthos × *T. recurvifolia*

'紫罗兰'（P10）和'黄金花'的杂交种。耐旱，易栽培，开花状况良好，花苞多。因外形难以辨认，在市面上也常被当'紫罗兰'销售，属较难买的品种，不过推广前景较好。

Data	
类型	银叶
大小	中
栽培容易度	🌿 🌿
购买容易度	🪣
花色	淡紫

图中植株才刚开花，所以花显得很小，但能开出醒目的大花苞和淡紫色三瓣花，非常美丽。

红花瓣
T. albertiana

'红花瓣'为小型种，肉厚叶片互生。容易长出子株，也易栽培，但属于较难开花的品种。虽说如此，它却能开出其他品种所没有的鲜红色三瓣花，是极具挑战性的品种。若给予充足的日照和水分，能培育出健康的植株。

Data

类型	银叶
大小	小
栽培容易度	🌾🌾
购买容易度	🪴🪴
花色	红

与植株相比，鲜红的三瓣花显得较大，格外醒目。

阿珠伊
T. araujei

Data	
类型	银叶
大小	中
栽培容易度	🌿 🌿
购买容易度	🪴 🪴
花色	白

　　叶片细短茂密，茎长长地向上伸展。喜湿润环境，若保持较高湿度，就能迅速生长。容易长出子株，让它群生并形成漂亮的丛生状。盛开的白色小三瓣花显得相当可爱。

迷你阿珠伊
T. araujei var. *minima*

Data	
类型	银叶
大小	小
栽培容易度	🌿
购买容易度	🪴
花色	淡水蓝色

　　它是'阿珠伊'的小型变种。叶和茎都比'阿珠伊'短，叶片紧密生长的姿态颇具魅力。生长缓慢，与基本种相比，较难栽培。花苞呈桃红色，花色为很淡的水蓝色，相当可爱。

饶舌墨绿
T. atroviridipetala

它是具有深绿色花瓣的墨西哥固有种。和'小怪物'（P25）、'普鲁摩沙'（P65）是近缘品种。一如其名，它能开出深绿色小花。不耐热，建议盛夏时放在阴凉的地方照顾，并给予充足的水分。适合中高级玩家栽培。

Data	
类型	银叶
大小	小
栽培容易度	✿
购买容易度	🪴
花色	绿

长花梗饶舌墨绿
T. atroviridipetala var. *longepedunculata*

Data	
类型	银叶
大小	中
栽培容易度	✿
购买容易度	🪴
花色	绿

它是稍大型的'饶舌墨绿'的变种。不耐暑热，栽培难度和购买难度都较大。变种名的意思是长花梗（花梗即支撑花序的茎）。若你能流利地说出它的学名，也许能进入空气凤梨的高级班呦！

哈雷彗星贝利艺
（胎生型）
T. baileyi 'Halley's Commet' (Vivipara form)

Data	
类型	银叶
大小	中
栽培容易度	🌾🌾🌾
购买容易度	🪣🪣
花色	紫

图中是漂亮的丛生状植株，能清楚看见从花茎中长出子株的样子。

　　它是基本种'贝利艺'的突变种。'Halley's Commet'这个美丽的名字是哈雷彗星之意。和'贝利艺'一样能长出许多子株，也容易开花，是容易培育的品种。

巴尔萨斯
T. balsasensis

它与'鸡毛掸子'（P79）是近缘种，过去常被误认为'小型鸡毛掸子'。外表皮附着长茸毛，喜干燥环境，不可长时间淋湿。此外，它不耐热，必须放在阴凉的场所。

Data	
类型	银叶
大小	小
栽培容易度	
购买容易度	
花色	紫 + 白

巴尔拉米
T. bartramii

巴尔拉米的叶片笔直丛生，外形如小型'大三色'（P51）。因姿态像草一样，也被称为草型空气凤梨。分布于美国、墨西哥、危地马拉等地，范围较广。耐热又耐寒，生命力强。生长状况良好时，即使没开花也能长出子株。

Data	
类型	银叶
大小	中
栽培容易度	
购买容易度	
花色	紫

贝吉
T. bergeri

Data

类型	银叶
大小	中
栽培容易度	🌾🌾🌾
购买容易度	🪴🪴🪴
花色	淡紫

具有随风摇曳、翻转的淡紫色长花瓣。

　　它是类似'紫罗兰'（P10）的普及种。虽然在市面上广为流通，但大多数已和'紫罗兰'等杂交，建议通过观察花形来分辨是否为原种。虽然开花有点难，但即使没开花，依然会长出子株，可以说是适合丛生的品种。

美佳贝吉
T. bergeri 'Major'

丛生植株兼具开花的姿态，极具观赏价值。

虽然它和基本种同样具有淡紫色三瓣花，不过它的花苞比较大。

Data

类型	银叶
大小	大
栽培容易度	🌱🌱
购买容易度	🪴🪴
花色	淡紫

它的株型比'贝吉'大，是具有长茎的园艺品种，和基本种一样原产于阿根廷。极具耐寒性，能忍受−5℃的低温，同时也很耐热，是很容易培育的品种。为了让它开花，应给予充足的光照。

毕福罗拉
T. biflora

它是小型积水凤梨。不耐热，适合在28℃以下的环境中栽培，请经常保持植株基部积水。叶片上有褐色块状斑纹，若有充足的日照会变得更清晰。若缺乏光照，颜色会逐渐变淡，这点须留意。

Data	
类型	积水
大小	中
栽培容易度	🌿
购买容易度	🪴
花色	浅桃红

贝克利×琥珀
T. brachycaulos × *T. schiedeana*

Data	
类型	银叶
大小	中
栽培容易度	🌿🌿🌿
购买容易度	🪴🪴
花色	乳黄

它是绿叶种'贝克利'和银叶种'琥珀'（P70）的杂交种。'贝克利'的特征是花苞在开花时变成红色，'琥珀'的特征是花苞呈黄色筒状，而'贝克利×琥珀'兼具两种特征。叶片和'琥珀'近似，为银叶种。与生命力强的同类品种杂交而来，所以很容易栽培。

血雨
T. brenneri

　　原产于厄瓜多尔的积水凤梨。和'毕福罗拉'（P22）一样，叶片具有斑纹花样。叶片表面覆有蜡质白粉，据说此白粉经强光照射后具有护体的功效。它不耐暑热，必须频繁浇水。

Data	
类型	积水
大小	中
栽培容易度	🌱
购买容易度	🪴
花色	紫

章鱼（小蝴蝶）
T. bulbosa

Data	
类型	绿叶
大小	中
栽培容易度	🌱🌱
购买容易度	🪴🪴🪴
花色	紫

　　普及种，Bulb为球根之意。在壶形的植株上长出弯曲的叶片。属绿叶种，需充足的水分，也适合盆栽。鲜红的花苞与深紫色筒状花对比强烈，非常美丽。

虎斑
T. butzii

外形与'章鱼'（P23）类似，整株具有细微的斑纹，是具有独特魅力的品种。非常喜水，若水分不足，叶间会开始枯萎，或外叶干枯。遇此状况最好增加浇水频率。此外，它也容易长出子株，形成丛生状。

小怪物
T. caballosensis

开出与'饶舌墨绿'类似的绿色花朵。

Data	
类型	银叶
大小	小
栽培容易度	🌱
购买容易度	🪴
花色	绿

　　它在墨西哥被发现，是最近才受到关注的新品种。和'饶舌墨绿'（P17）一样，在桃红色花苞中能开出绿色花朵。特征是具有弯曲的叶子和浑圆的株形。较难栽培。因不耐暑热，要避免让它太过干燥。

仙人掌
T. cacticola

　　浅紫色花苞，紫色和乳黄色三瓣花，组合起来相当醒目，是极富魅力的品种。因附生在仙人掌上而得名。它的缺点是不易繁殖。让它附生在漂流木上，能培养出健康的植株。

Data	
类型	银叶
大小	大
栽培容易度	🌿🌿
购买容易度	🪴🪴
花色	乳黄 + 紫

大花苞和长长的花序，开花时格外引人注目。

能开出紫色镶边的乳黄色花朵，配色相当美丽。

皮卡
T. capillaris

广泛分布于南美洲，为高1～3厘米的小型有茎种。因植株很小，环境剧烈变化时很容易受到影响，不喜极强的阳光、炎热或寒冷的气候。可以在小盆中放入浮石等基质后，再将其放在上面栽培。

Data	
类型	银叶
大小	小
栽培容易度	🌱🌱
购买容易度	🪣
花色	黄至土黄

皮卡 'HR 7093a'
T. capillaris 'HR 7093a'

如多肉植物般，叶片较厚，左右交错长出的姿态相当可爱。开花状况良好，容易群生，不过因为是小型种，必须小心细致地管理。可以放在盛有浮石的小盆中栽培，能开出极小的浅黄色三瓣花，具有甜香味。

Data	
类型	银叶
大小	小
栽培容易度	🌱🌱
购买容易度	🪣
花色	淡黄

女王头
T. caput-medeusae

'女王头'的姿态不禁让人想到希腊神话中的怪物"美杜莎之头"，因此而得名。它是原产于中美洲的流行品种。市面上的植株有不同大小，植株长到10～12厘米时才会开花。它较耐旱，推荐初学者栽种。

Data	
类型	银叶
大小	中
栽培容易度	✿✿
购买容易度	🪴🪴🪴
花色	紫

白发魔女
T. chapeuensis var. *turriformis*

Data	
类型	银叶
大小	中
栽培容易度	✿
购买容易度	🪴
花色	粉红

它是近年新发现的品种，笔者获得时它还没有被命名，是原产于巴西的'加本文西斯'的新变种。纯白色的宽叶十分美丽，姿态优雅。关于它的详细资料现在仍不明确，只知其与'薄纱'（P39）等品种相近，虽然也能采用相同的栽培方法，不过即使是在国外也被视为较难栽培的品种。

香槟
T. chiapensis

Data	
类型	银叶
大小	大
栽培容易度	🌾 🌾 🌾
购买容易度	🧺 🧺
花色	紫

它是在墨西哥东南方的恰帕斯州采集到的品种，因此被命名为 *Chiapensis*。除了肉厚且叶片上附着白色茸毛外，花苞也全附有茸毛，姿态独特。具有相当大的花苞。生长缓慢，属于生命力强且容易栽培的品种。

铜板
T. 'Copper Penny'

Data	
类型	银叶
大小	小
栽培容易度	🌾 🌾
购买容易度	🧺 🧺
花色	黄

‘铜板’的花非常香。右侧是‘细叶蓝色花’。

如同名字中 Penny（铜币）的颜色一般，它也会开出深金黄色的三瓣花。附有茸毛的细银叶和株形姿态与‘可洛卡塔’（P32）类似，不过‘铜板’的特征是叶片肉厚，扭转弯曲成圆形。开花状况良好，也常长出子株。

棉花糖

T. 'Cotton Candy'

Data	
类型	银叶
大小	中
栽培容易度	🌱🌱🌱
购买容易度	🪴🪴
花色	淡紫

它是'多国花'（P73）和'黄金花'的杂交种。深桃红色的大花苞上开出许多淡紫色花朵，姿态非常美丽。常长出子株，生命力强，容易栽培，是适合初学者挑战的品种。

可洛卡塔
T. crocata

它具有附着绵毛的美丽银叶。不喜积水，放置在湿度高、略明亮的地方，能长出健康的植株。若觉得状态不佳，让它附生在漂流木上情况可能会好转。在良好环境下易长出子株，也是容易丛生的品种。

Data	
类型	银叶
大小	小
栽培容易度	🌱🌱
购买容易度	🪴🪴
花色	黄

不喜积水，若长成容易积水的丛生状时，必须格外留意。

鲜艳的黄色三瓣花散发甜香，花朵能够供人欣赏数天。

紫花凤梨（紫玉扇、球拍）
T. cyanea

在日本也被称为'凤梨花'，是大家熟悉的空气凤梨品种。属于绿叶种，喜水，管理时经常让它的叶间积水，生长状态会变好。可使用观叶植物栽培用土和水分不易蒸发的塑料盆栽种。能长出桃红色的大花苞。

Data	
类型	绿叶
大小	大
栽培容易度	🌿🌿🌿
购买容易度	🪴🪴🪴
花色	紫

图中植株开出紫色花，也有开桃红色花的品种以及叶片有斑纹的品种。

洋葱头
T. disticha

细长的花苞上，开出许多花瓣歪扭的黄色小花。

Data

类型	银叶
大小	中至大
栽培容易度	
购买容易度	
花色	黄

从壶形植株基部伸出长长的细叶，外形特征和'章鱼'（P23）、'虎斑'（P24）等品种截然不同。花形也很罕见，推荐给喜好搜寻个性植株的人。不易栽培，若生长状况不佳，让它附生在盆器中或漂流木上，就能够逐渐恢复生气。

萨克沙泰利斯树猴
T. duratii var. saxatilis

它是分布于玻利维亚、巴拉圭等地的野生种。在原生地，长长伸展的卷叶缠绕树木生长，这样的姿态成为它的特征。有的植株能生长至50厘米高，所以可以吊挂栽培。从中心开出具有香气的白紫色美丽三瓣花。

Data	
类型	银叶
大小	大
栽培容易度	
购买容易度	
花色	紫

费西古拉塔
T. fasciculata

原产于美国佛罗里达州至哥斯达黎加的广阔区域，有许多变种。因喜水，若栽培于室外，叶间保持积水，才能健康地生长。此外，也可以让它附生在盆器中或漂流木上。如果生长顺利，有的植株可长到50厘米以上。

Data	
类型	银叶
大小	大
栽培容易度	
购买容易度	
花色	紫

小绿毛
T. filifolia

零星盛开外形如百合般的小瓣花。

Data

类型	绿叶
大小	中
栽培容易度	
购买容易度	
花色	淡紫

　　小绿毛的绿色细叶和淡紫色小花，散发一种日式风情。它喜水，频繁地浇水，保持湿润相当重要，建议在盆中放入木屑等保水性用土，时常保持高湿度来栽培。

白毛毛
T. fuchsii f. *gracilis*

它是园艺品种，具有螃蟹般浑圆的外形和针一般的细银叶。特征是具有比基本种更细的叶子。栽培虽容易，但是它不耐暑热，需注意如果太干燥，会从叶间开始枯萎。开花时，花茎长长地伸展。开出紫色的筒状花。

Data	
类型	银叶
大小	小
栽培容易度	🌱🌱🌱
购买容易度	🪴🪴
花色	紫

福内布里斯
T. funebris

它是原产于南美洲的小型种。具有肉质硬叶，生命坚韧，在小型种中，它是比较容易栽培的品种。开花状况良好，生长缓慢。不同植株的花色也五彩缤纷，有土黄、砖红、焦褐等色，若是未开花的植株，可以期待不同花色带来的惊喜。

Data	
类型	银叶
大小	小
栽培容易度	🌱🌱
购买容易度	🪴🪴
花色	土黄、砖红、焦褐等

薄纱
T. gardneri

它是原产于哥伦比亚及巴西的品种，具有闪着淡淡银白色光芒的叶片。栽培重点是附生与高湿度，建议让它附生于素烧盆或漂流木上，栽培在湿度高、明亮的环境下。玫红色的花朵，从浅桃红色的花苞中绽放，豪华又美丽。

Data	
类型	银叶
大小	中
栽培容易度	🌱🌱
购买容易度	🪴🪴
花色	玫红

大型变种薄纱
T. gardneri var. *rupicola*

它是'薄纱'的变种，叶色和基本种相同，为银白色，但它的叶片肉厚，花色从浅桃红色至浅紫色，色彩相当丰富。栽培方法和基本种相同，重点是保持高湿度及让它附生。

Data	
类型	银叶
大小	中
栽培容易度	🌱🌱
购买容易度	🪴
花色	带紫的桃红

小牛角
T. gilliesii

它是只有3～4厘米的小型种空气凤梨，肉质叶左右交互生长的茂密姿态颇具美丽。原生于玻利维亚和阿根廷的高地，所以不喜夏季炎热气候，请在凉爽的地方管理。植株基部不可积水，最好让它保持略微干燥的状态。

Data	
类型	银叶
大小	小
栽培容易度	🌾
购买容易度	🪣
花色	黄

过去它被视为'琥珀'（P70）的亚种，但近年来已成为独立的品种，图中的植株虽具有和'琥珀'类似的特征，但它原本的叶子稍短且弯曲，是容易栽培、易群生的品种。开出罕见的筒状花，黄或桃红色花朵颇具魅力。

鸡爪
T. glabrior

Data	
类型	银叶
大小	中
栽培容易度	🌾🌾
购买容易度	🪣🪣
花色	黄·桃红

格拉席拉
T. grazielae

原产于巴西，是野生于陡峭岩壁的稀有种。不易开花，栽培也比较困难。不耐夏季的炎热气候，若栽培在空调房中，开花可能性较大。

Data	
类型	银叶
大小	小
栽培容易度	🌾
购买容易度	🪣
花色	桃红

哈里斯
T. harrisii

强健、容易栽培，是生长较迅速的危地马拉特有种。白叶加上外形优雅的莲座丛状，非常漂亮。若健康地培育，植株直径可长到约30厘米。叶片容易折伤，处理时需特别注意。若给予良好日照，花苞会变成漂亮的红色。

Data	
类型	银叶
大小	中至大
栽培容易度	🌾🌾🌾
购买容易度	🪣🪣🪣
花色	紫

黑特罗菲拉
T. heterophylla

Data

类型	积水
大小	大
栽培容易度	🌱🌱
购买容易度	🪣
花色	白

　　在积水凤梨中，它虽然属于中型，但开花时也能长到1米。原产于墨西哥，其魅力是既耐热耐寒，又容易栽培。叶片上有蜡质白粉，花苞为白色，也会开出白色的花。

黑乌贝吉
T. heubergeri

Data

类型	银叶
大小	小
栽培容易度	🌱🌱
购买容易度	🪣
花色	桃红

　　它和'考特斯基'（P52）、'斯普雷杰'（P71）并列，同样是泪滴形姿态的美丽稀有品种。略带深绿色的楔形叶片，深受大众欢迎，但缺点是市面上很少流通，不易买到。从叶间探出红色花苞和桃红色花朵，令人印象深刻。

斑马
T. hildae

它是德国植物学家维尔纳·劳(Werner Rauh)博士的妻子希尔达·劳所发现的开花植株，因此取名为***hildae***。原产于秘鲁北部。开花时包含花茎约可长到2米（图中是子株）。长大后最好像积水凤梨一样，让它的叶间保留水分。特征是叶片上具有条纹花样。

Data	
类型	银叶
大小	大
栽培容易度	🌱 🌱
购买容易度	🧺
花色	紫

希尔他
T. hirta

像'小牛角'（P40）般叶片交错互生，是只能长到2～3厘米的小型品种。和其他小型种一样必须细心地管理，耐旱，但不耐热，和其他空气凤梨相比，栽培难度相当高。能开出芳香的浅黄色小花。

Data	
类型	银叶
大小	小
栽培容易度	🌱
购买容易度	🧺
花色	淡黄

德鲁伊小精灵
T. ionantha 'Druid'

Data	
类型	银叶
大小	小
栽培容易度	🌾🌾🌾
购买容易度	🪣🪣
花色	白

它是'墨西哥小精灵'（P46）的白色变种，在管理上和'墨西哥小精灵'一样，极耐旱，在明亮、通风良好的地方便能健康地生长。保持良好的日照，开花时整株会变成金黄色，呈现其他小精灵所没有的美丽颜色。

火焰小精灵
T. ionantha 'Fuego'

Fuego 在西班牙语中是火焰的意思，为危地马拉原生种，鲜红色的叶片极富魅力。在小精灵中植株的姿态较为纤细，让人感觉较柔软。原产地的地势低，和其他小精灵相比不耐寒，若给予充足日照，整株都会变成红色。

Data	
类型	银叶
大小	小
栽培容易度	🌾🌾
购买容易度	🪣🪣
花色	紫

危地马拉小精灵
T. ionantha (Guatemalan form)

　　产自危地马拉，一般市面上流通的小精灵大多是
这个品种。它和'墨西哥小精灵'（P46）等相比，较
难开花。不过即使不开花，长大后也有着稳重安定的
外观，观赏价值也非常高。

Data

类型	银叶
大小	小
栽培容易度	🌱🌱🌱
购买容易度	🪴🪴
花色	紫

墨西哥小精灵
T. ionantha (Mexican form)

它是原产于墨西哥的小精灵，开花状况良好，而且极易长子株，易群生，在本书中也会介绍数种丛生情况。开花前，整体会变成红色，和'火焰小精灵'（P44）相比，特征是呈现略带橘色的红色。属于偏小型品种。

Data	
类型	银叶
大小	小
栽培容易度	🌱 🌱
购买容易度	🪴 🪴
花色	紫

从如火焰般的植株中，探出深紫色的筒状花。

如图让植物附生在漂流木或废木料上，即使长出子株形成丛生状，也很容易管理。

图中是突变的'墨西哥小精灵'。这种现象被称为缀化，生长点呈带状变宽生长，从而呈现出奇异的模样。

龙小精灵
T. ionantha 'Ron'

Data

类型	银叶
大小	小
栽培容易度	🌱🌱
购买容易度	🪴🪴
花色	紫

　　它是小精灵的园艺品种，长7～8厘米，外形极像松果。容易开花及长出子株，如果栽培在稍微阴暗的环境中，就不会开花，但会长大。过去一直很难买到，直到最近购买难度才渐渐降低。

全红小精灵
T. ionantha 'Rubra'

Data

类型	银叶
大小	小
栽培容易度	🌱🌱
购买容易度	🪴🪴🪴
花色	紫

　　它原产于危地马拉，外形稳重，容易购买。长到7～8厘米仍不会开花，大多是园艺品种，不过开花时整株会变成桃红色，和深紫色花朵形成强烈对比，极富魅力。同样是小精灵，大型变种 *T. ionantha* var. *maxima* 开花时也会变成桃红色。

玫瑰精灵
T. ionantha var. *stricta* 'Rosita'

它是原产于墨西哥的小精灵，植株基部呈可爱的圆形。特征是具有细长鲜红的叶子。在明亮的环境下，植株才能开花，叶子才能常保红色。

Data	
类型	银叶
大小	小
栽培容易度	🌱🌱🌱
购买容易度	🪴
花色	紫

长茎小精灵
T. ionantha var. *van-hyningii*

它是分布于墨西哥部分地区的小精灵变种，具有颈部且叶片宽大。虽然姿态奇异，与其他小精灵截然不同，但基本的栽培方法相同。生长缓慢，不易开花，即使没开花也能长出子株，是繁殖力较强的品种。

Data	
类型	银叶
大小	小
栽培容易度	🌱🌱
购买容易度	🪴🪴
花色	紫

黄水晶
T. ixioides

在泛白的银叶与花苞的裂缝中长出的小型黄色花，显得格外醒目。

Data	
类型	银叶
大小	中
栽培容易度	🌱🌱
购买容易度	🪴🪴
花色	黄

　　开黄色花的'黄水晶'是原产于玻利维亚的品种，它和其他空气凤梨不同，开花时花苞不会变色，看起来犹如枯萎一般，但突然间便开出鲜艳可爱的黄色三瓣花。白色叶片坚韧易折断，处理时请小心。

犹大
T. jucunda

类型	银叶
大小	中
栽培容易度	🌾🌾
购买容易度	🪣🪣
花色	乳黄

分布于玻利维亚至阿根廷等地区，深桃红色花苞和乳黄色三瓣花的组合惹人怜爱，是爱花者能充分欣赏的品种。极耐寒及暑热，生命力强，开花状况良好，适合初学者挑战。叶硬，较易折断，处理时必须留意。

图中的花瓣轮廓呈圆弧形，但随着植株的不同，有的花瓣先端呈尖形。

大三色
T. juncea

Data

类型	银叶
大小	中至大
栽培容易度	🌿🌿🌿
购买容易度	🏺🏺🏺
花色	紫

浅桃红色的花苞和紫色筒状花。

　　原产于墨西哥至巴西的广大地区。细叶丛生，植株姿态独特。它具有强健的生命力，是空气凤梨中的"优等生"。长20～50厘米，大小不一。容易长出子株，所以容易丛生，这也是它的优点。

考特斯基
T. kautskyi

Data

类型	银叶
大小	小
栽培容易度	
购买容易度	
花色	桃红

虽是 4 ～ 5 厘米的小型种，却能长出大花苞和花朵，非常华丽漂亮。

　　它是叶色素雅的小型美花品种。与同样是泪滴形的'黑乌贝吉'相比（P42），较容易买到，是十分受欢迎的稀有种。虽然喜水，但栽培上并没有那么难，1 ～ 2年开花1次。子株从花序的基部长出，因此比较难分株。

金柏利
T. 'Kimberly'

花色与'松萝凤梨'及'球青苔'截然不同，非常有趣。

Data	
类型	银叶
大小	**0.05 ～ 1 米**
栽培容易度	🌱 🌱
购买容易度	🪣 🪣
花色	黄色带紫斑

它是'松萝凤梨'（P86）及叶片卷曲成圆弧状的'球青苔'的杂交种，长茎下垂，生长较长。栽培方法与'松萝凤梨'类似。它会开出小型花朵，黄绿与紫色混杂，色彩微妙。因植株很细，所以都像图中成丛销售。

拉丁凤梨（毒药）
T. latifolia

Data

类型	银叶
大小	小至大
栽培容易度	
购买容易度	
花色	桃红

分布在厄瓜多尔至秘鲁的广阔地区，从湿度与光照条件良好的树林，到干旱的岩石区，能在不同的环境中生存。虽然不难栽培，但小植株不喜积水，必须在通风良好的地方培育。开花的大小根据植株的不同有所差异。

红香花毒药
T. latifolia 'Enano Red form'

Data

类型	银叶
大小	中
栽培容易度	
购买容易度	
花色	桃红

茸毛少，也能看到绿叶，属于有茎的银叶种。直径6～7厘米的莲座丛状肉质叶长长地伸展。又有'红色小人'之称，为了让它变成红色，必须给予良好的日照。从花茎长出子株时，也会产生许多种子。

小罗莉
T. loliacea

图中是在群生植株中长出多根花茎。黄色花具有宜人的芳香。

Data	
类型	银叶
大小	小
栽培容易度	🌾🌾🌾
购买容易度	🪴🪴
花色	黄

　　直径2～3厘米，在小型种中属强健、较易栽培、常开花的品种，所以也能从种子开始培育。开花时，从小植株中伸出长长的花茎，会开出黄色小型三瓣花。

雷曼尼
T. lymanii

原产于厄瓜多尔的干旱地区，是直径能长到60厘米以上的大型积水凤梨。子株因叶间不能有积水，所以和母株同样栽培，种在以浮石和木屑作为基质的盆中便能顺利生长。虽生长缓慢，但容易栽培。

Data	
类型	积水
大小	大
栽培容易度	🌱🌱
购买容易度	🪴
花色	紫

蓝花松萝
T. mallemontii

Data	
类型	银叶
大小	中
栽培容易度	🌱🌱
购买容易度	🪴🪴
花色	紫

和'可洛卡塔'（P32）习性类似，但它叶细、不耐旱，勤于浇水，保持湿度才能健康生长。如果群生会变得较强韧，能开出许多花朵，建议以丛生状来培养。开花状况良好，小型紫色三瓣花具有香味。

大白毛
T. magnusiana

原产于危地马拉，具有细白叶片。不耐旱，缺水时叶间会枯萎，请以此作为浇水的标准。此外，它也不喜积水，应放在通风良好的地方栽培。谨慎管理下叶数会增加，植株外观能长成漂亮的球形。

Data	
类型	银叶
大小	中
栽培容易度	🌱🌱
购买容易度	🪴🪴
花色	紫

曼东尼
T. mandonii

Data	
类型	银叶
大小	小
栽培容易度	🌱🌱
购买容易度	🪴
花色	黄

'曼东尼'和'小罗莉'（P55）都属于松萝亚属。肉质的棒状叶片，一边伸展，一边生长，植株长到5～6厘米时会开花。株形如'可洛卡塔'（P32）般娇小，非常可爱。不过它也是较难买到的品种。在铺有浮石的素烧盆中栽培，植株能健康生长。

1 空气凤梨的选购注意事项及购买途径

以下将介绍购买空气凤梨的注意事项，以及要在哪些店家购买。

选购注意事项

Point 1 > 选购叶片富有光泽，饱满且有弹性的植株

适度浇水的植株，叶片富有光泽，饱满且有弹性；相反，植株如果缺水，有的叶缘会卷曲，有的叶面会出现褶皱，或叶间发生枯萎。

状态不良

Point 2 > 选购具重量感的植株

植株如果缺水，重量会变轻；相反，若栽培在室内阴暗处又频繁浇水，植株会从基部中心开始腐烂。从外观看来即使没那么明显，但试着用手掂掂看，如果觉得重量比外观看起来轻，植株就可能发生上述两种情况。

Point 3 > 选购茎部等处有弹性的植株

植株如果缺水便会枯萎，相反，如果叶间积水则容易腐烂，植株触摸起来会缺乏弹性。用不弄伤植株的力度轻轻按压植株茎部，感觉有弹性的才是健康的植株。

Point **4** > 选购整体没变色的植株

植株若积水可能会腐烂，若缺乏水分，叶子可能会变成灰色或褐色。银叶种从外观上，很难清楚辨别，如图所示，若叶子显得缺水没弹性，而且拿起来感觉很轻，就表示可能枯萎或腐烂了。

状态不良

购买途径

Shop **1** > 园艺店等专卖店

空气凤梨除了在园艺店有售外，最近在大型超市的园艺区也会有销售。但是有的店面只销售并不照料，所以建议最好在管理健全的专卖店购买，或在植物园主办的展销会等处购买。

Shop **2** > 网购

除了笔者运营的SPECIES NURSERY外，国内外还有许多网店销售空气凤梨，亚马逊等电商也均有销售。

Shop **3** > 日本百元商店、杂货店等

在日本百元商店、杂货店等也有各式各样的空气凤梨可供选择，但是，那些商店销售的空气凤梨常有浇水不足或照料不周的情形，所以购买时请仔细检查。

空气凤梨图鉴　**2**

O··Z

罗根
T. orogenes

'罗根'属积水凤梨，是植株约30厘米的中型种。叶间不能积存太多水，因此频繁浇水相当重要。不耐热，夏季要置于凉爽的地方，以盆栽为主。开花时，伸出的长花茎及花苞都会变成鲜红色，能欣赏到如热带鸟类般的姿态。

从长出花序到花期结束，可持续半年以上。

Data	
类型	积水
大小	中
栽培容易度	🌱
购买容易度	🪴
花色	紫

包裹紫色筒状花，外形尖锐的花苞长长地垂下。

粗糠
T. paleacea

'粗糠'的特征是具有茎以及附生茸毛的白色叶片。不同植株的叶形和大小也不同。非常耐旱，生命力强，而且也极耐暑热和寒冷，是容易栽培的品种。放在通风和日照良好的地方，能够健康地生长。即使没有开花，也能长出子株。

Data

类型	银叶
大小	小至大
栽培容易度	❦ ❦ ❦
购买容易度	🪴 🪴
花色	淡紫

植株有各式各样的尺寸，长约 **3** 厘米的植株为小型，约 **15** 厘米的为中型，**30** 厘米的为大型。

大而华丽的三瓣花，呈现沉静的紫色。

小绵羊
T. penascoensis

它是2004年才被推广的新品种。附有纯白色茸毛，乍看和'鸡毛掸子'（P79）类似，但它和'普鲁摩沙'（P65）一样不耐热，而且也不喜欢过于干燥的环境，不容易栽培。具有圆弧状的姿态，会开出小绿花。

Data	
类型	银叶
大小	小
栽培容易度	🌾
购买容易度	🪴
花色	绿

小海螺
T. peiranoi

小型种大多属于松罗亚属，但它是比较例外的小型种。会开出2～3厘米的小花，生长非常缓慢，要很长时间才会开花。和其他小型种同样具有肉质叶片，也耐旱，让它附生并保持一定湿度，能培育出健康的植株。

Data	
类型	银叶
大小	小
栽培容易度	🌾🌾
购买容易度	🪴
花色	紫

普鲁摩沙
T. plumosa

Data

类型	银叶
大小	中
栽培容易度	🌱🌱
购买容易度	🪴🪴
花色	绿

它与'饶舌墨绿'（P17）及'小怪物'（P25）等品种近似，是原产于墨西哥的绿花品种。茂密丛生的茸毛与'鸡毛掸子'（P79）类似，不过它原本生长在森林深处，不太耐热，喜水。夏季最好栽培在通风良好的地方，并保持湿度。

小型细红果
T. punctulata 'Minor'

Data

类型	积水
大小	中
栽培容易度	🌱🌱🌱
购买容易度	🪴🪴
花色	紫

Minor是小型的意思。在长叶的基部能够积存水分，若选用浮石和木屑作为基质，选择盆栽管理，能健康生长。即使没开花也会从植株基部长出子株，是强健的品种。

黄金花 · 胭脂
T. recurvifolia var. *subsecundifolia*

历经 **15** 年以上，长大的丛生植株。

它是'黄金花'的变种。原产巴西，耐旱，也极耐炎热或寒冷，是比基本种更容易栽培的品种。此外，它常长出子株，容易形成丛生状，这也是它吸引人的魅力所在。以附生方式栽培，生长状况较好。

Data	
类型	银叶
大小	中
栽培容易度	🌱 🌱 🌱
购买容易度	🪴 🪴
花色	白

朱红色的花苞，非常大且华丽。

罗安兹力
T. roezlii

它是原产于秘鲁的积水凤梨。若给予良好日照，斑纹花样会显得更鲜明。属于大型种，能长到直径50厘米，茎也会伸展至50～70厘米。虽然可以直接栽培，但若让它附生，生长状况会更好。适合以盛有浮石的素烧盆来栽培。

Data	
类型	积水
大小	大
栽培容易度	🌿🌿
购买容易度	🪴
花色	紫

卡博士
T. scaposa

过去它被视为'小精灵'的变种，常被称为'小精灵·卡博士'，后来一部分以'科比'之名被划分出去，而另一部分独立成为'卡博士'。它原产于危地马拉，略不耐热，容易栽培，最好在阴凉的地方管理。开花时，外形纤细的叶子会变成漂亮的朱红色。

Data		
类型		银叶
大小		小
栽培容易度	🌿	🌿
购买容易度	🪴🪴	🪴
花色		紫

犀牛角
T. seleriana

Data

类型	银叶
大小	中至大
栽培容易度	🌿🌿
购买容易度	🪣🪣
花色	紫

如火焰般外形的植株前端，可以开出焰火般的花苞和紫色筒状花。

　　植株独特的外形，属于富有存在感的壶形品种。在栽培上，和'女王头'（P29）等其他壶形品种相比，能够长得比较大，其中有的甚至能超过50厘米。生长迅速，春秋季让茎间积水，可放在室外栽培。在原生地与蚂蚁共生。

琥珀
T. schiedeana

Data	
类型	银叶
大小	中
栽培容易度	🌾🌾
购买容易度	🪴🪴
花色	黄

比较珍稀的黄色筒状花和红色花苞组合，显得越发鲜艳。

　　原产于中美洲。大量浇水能培育出状态良好的植株。它容易自花授粉，也容易结种子，但不易长子株，因此希望群生时，应长出种子就要立刻去除。另外，有'大型琥珀'及'小型琥珀'等园艺品种。

索姆
T. somnians

它是原产于厄瓜多尔的积水品种，即使不选用盆栽也能栽种。在积水品种中，它较容易开花，开花后不止植株根部，连花茎也会长出子株，可以说是容易繁殖的品种。图中是它的子株，不过开花时，植株的直径需达40厘米，花茎长度也会长到80厘米以上。

Data	
类型	积水
大小	大
栽培容易度	🌾🌾
购买容易度	🪣🪣
花色	紫

斯普雷杰
T. sprengeliana

原产于巴西，植株外观为泪滴形的可爱小型种。虽然2013年华盛顿公约已取消对'斯普雷杰'的交易限制，但目前仍然较难买到。开花时，能长出与植株大小不相称的桃红色大花苞和花朵，相当显眼。

Data	
类型	银叶
大小	小
栽培容易度	🌾🌾
购买容易度	🪣
花色	桃红

香花空凤
T. streptocarpa

Data	
类型	银叶
大小	小至大
栽培容易度	🌾 🌾 🌾
购买容易度	🪣 🪣
花色	紫

能开出直径约 2 厘米的紫色大花，散发宜人的香味。

　　它与'萨克沙泰利斯树猴'（P36）类似，属于茎部稍短的品种。从直径不到 10 厘米的小型种，到超过 50 厘米的大型种，不同植株其大小也不统一。开花状况良好，耐旱，也耐炎热及寒冷，十分强健。请在日照良好的地方栽培。

电卷烫
T. streptophylla

外形如丸子般呈圆形，是非常可爱的壶形种。弯曲的叶子干燥后会卷缩成圆形，若给予充足的水分又会重新舒展挺立，能欣赏到截然不同的姿态。在壶形种中它能长到比较大，有的甚至能长到直径30厘米。

Data	
类型	银叶
大小	中至大
栽培容易度	🌱🌱
购买容易度	🪴🪴
花色	紫

多国花
T. stricta

Data	
类型	绿叶
大小	中
栽培容易度	🌱🌱🌱
购买容易度	🪴🪴
花色	紫

'多国花'是绿叶种的代表。绿叶柔软，所以有时也以'柔软多国花'之名流通。属于喜水品种，越浇水越能健康地生长。开花状况良好，能开出桃红色大花苞，非常值得欣赏。

多国花・银星
T. stricta 'Silver Star'

Data

类型	银叶
大小	中
栽培容易度	🌱🌱🌱
购买容易度	🪣🪣
花色	紫

　　它是'多国花'的园艺品种。叶子是美丽的银叶，从上面观看植株外观如星星一般，因而得名。与基本种相比，生长相对缓慢，但是同样喜水，植株强健，容易栽培。若有充足的日照，叶色会泛紫。

多国花·阿尔比弗利亚
T. stricta var. *albifolia*

桃红色花苞和淡紫色花的组合非常可爱。

Data	
类型	银叶
大小	中
栽培容易度	🌱 🌱 🌱
购买容易度	🪴 🪴
花色	紫、红、白

　　它具有白叶之称，是'多国花'的变种。非常耐旱，容易栽培，生长略微缓慢。花苞比基本种小，花色相当丰富，购入的植株究竟会开出何种颜色的花成为一个悬念，能让人享受这种期待的乐趣。

多国花·阿尔比弗利亚开白色花，非常罕见。

多国花·比尼弗尔密斯
T. stricta var. *piniformis*

　　笔者在2006年获得这个品种时，它还没有名字，是之后才被命名的新品种。'多国花'的变种中，有7～8厘米的植株，如小型'考特斯基'（P52）；还有泪滴形，如'斯普雷杰'（P71）。它极耐旱，喜光照充足和通风良好处。

Data	
类型	银叶
大小	小
栽培容易度	🌱🌱🌱
购买容易度	🪴
花色	紫

硬叶多国花
T. stricta (Hard Leaf)

Data	
类型	银叶
大小	中
栽培容易度	🌱🌱🌱
购买容易度	🪴🪴
花色	紫

　　它是'多国花'的栽培品种。在种类繁多的'多国花'中，像它的名字一样，特征是具有肉厚的硬叶。茸毛多，耐干旱，性强健，易栽培，适合初学者。比起其他'多国花'品种，它能开出更鲜艳、美丽的桃红色花苞和紫色花，深具魅力。

鸡毛掸子
T. tectorum

图中的植株是有茎的大型种，但还有莲座丛状及小型种等其他类型。它的茸毛长，极耐旱，不喜积水。如果没有充足的日照，当浇水太多时，会长出附有短茸毛的叶子，整体看上去不再是白色。应放在通风良好处，减少浇水。

Data	
类型	银叶
大小	中至大
栽培容易度	✿ ✿
购买容易度	🪴 🪴
花色	紫 + 白

鸡毛掸子·安那诺
T. tectorum 'Enano'

Enano 在西班牙语中意为矮人。它只会长到15厘米高，属于'鸡毛掸子'的小型园艺品种。不喜积水，放在通风良好、有充足日照处管理，能培育出健康的植株。在通风差、阴暗处栽培，则会长出附有短茸毛的叶子。

Data	
类型	银叶
大小	小
栽培容易度	🌾 🌾
购买容易度	🪣
花色	紫 + 白

小型鸡毛掸子
T. tectorum (Small form, Loja Ecuador)

Data

类型	银叶
大小	中
栽培容易度	🌱🌱
购买容易度	🪣
花色	紫＋白

从色彩暗淡的桃红色花苞中，开出紫色与白色相结合的花朵。

　　原产于厄瓜多尔。'鸡毛掸子'一般是生长在干旱的岩石地区，茸毛长；但图中植株附生在树木上，因此茸毛变得比较少。它适合在日照稍少、通风良好处栽培，平时少浇点水，栽培方法和基本种相同。

细叶蓝色花
T. tenuifolia 'Fine'

Data

类型	绿叶
大小	小
栽培容易度	🌱🌱
购买容易度	🪴🪴
花色	紫

小植株上能开出和它的株型不相称的大花。

一旦断水叶子便会枯死，这点须注意。在装有浮石和木屑的塑料盆中栽培，保持湿度并给予大量水分，能够生长出健康的植株。开花状况良好，开花后会长出2～3株子株，建议让它形成丛生状。

银鸡冠
T. tenuifolia 'Silver Comb'

同时盛开 2 ～ 4 朵泛白的三瓣花。

Data	
类型	银叶
大小	中
栽培容易度	🌾 🌾 🌾
购买容易度	🪴 🪴
花色	白

　　它是'蓝色花'的有茎园艺品种。属于银叶种，茎一边伸展，一边长出细叶，因此，又被称为'银梳'。管理上需多浇水，植株才能健康地生长。此外，吊挂式栽培，茎会卷曲且迅速伸长，如龙一般的姿态非常漂亮。

蓝色花·斯特罗比福米斯
T. tenuifolia var. *strobiliformis*

　　'鸡毛掸子'的变种，叶色会从绿色变成深紫色。'鸡毛掸子'中，这个品种开花状况特别好，每年都会开花，是容易群生的种类。在管理上多浇水，能够培养出健康的植株。

Data	
类型	绿叶
大小	小
栽培容易度	🌱 🌱
购买容易度	🪴 🪴
花色	白

在桃红色花苞中开出小的白色三瓣花。

蓝色花·黑旋风
T. tenuifolia var. *surinamensis* 'Amethyst'

叶色为深紫色，非常特别，是'蓝色花·斯特罗比福米斯'的园艺品种。若隔着窗帘长时间给予稍弱的日照，叶色会变得更浓郁。虽然不易开花，但是开花后会长出2～3株子株，变成丛生状。若给予大量水分，能养出健康的植株。

Data	
类型	银叶
大小	中
栽培容易度	⚘⚘
购买容易度	🏺🏺
花色	白

三色花
T. tricolor var. *melanocrater*

它是原产于危地马拉的三色花小型变种。和'小型细红果'（P65）一样，植株基部能积水，是介于积水凤梨和绿叶种之间的品种。它非常喜水，请大量浇水，保持高湿度，植株才能健康生长。给予充足的日照，叶子会变成红色。

Data	
类型	绿叶
大小	中
栽培容易度	⚘⚘⚘
购买容易度	🏺🏺🏺
花色	紫

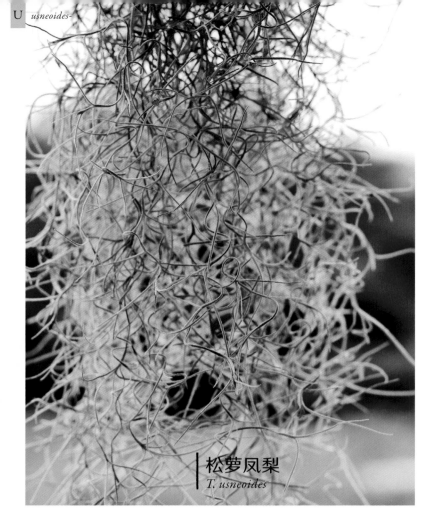

松萝凤梨
T. usneoides

在原生地，'松萝凤梨'附生在树木上。细茎和叶极不耐旱，因此非常喜水，尤其在冬天需格外勤浇水，或放在有加湿器的室内管理，才能养出健康的植株。它极耐寒，冬季若没有霜降，也能栽培在室外。

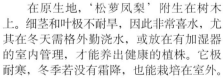

Data

类型	银叶
大小	**0.05 ~ 5 米**
栽培容易度	🌾 🌾
购买容易度	🪴 🪴 🪴
花色	黄绿

天鹅绒
T. velutina

　　原产于危地马拉的强健品种，又称‘慕蒂弗拉’。不太耐旱，最好勤浇水。银叶触摸起来非常柔软，若有充足的日照，开花时会变成红色，开出的紫色筒状花非常醒目。

Data	
类型	银叶
大小	中
栽培容易度	🌾 🌾 🌾
购买容易度	🪴 🪴 🪴
花色	紫

紫色巨型天鹅绒
T. vernicosa 'Purple Giant'

Data	
类型	银叶
大小	大
栽培容易度	🌿🌿🌿
购买容易度	🧺🧺
花色	白

　　'沃尼'植株直径一般5～15厘米，但'紫色大型沃尼'长大后直径会变成30厘米。如果放在日照良好处栽培，叶片会变成紫色，植株也会更健康。鲜艳的朱红色花苞和白色小型三瓣花极富魅力。

维利迪福罗拉
T. viridiflora

Data	
类型	积水
大小	大
栽培容易度	🌱 🌱
购买容易度	🪴
花色	黄绿

　　它是以绿花闻名的大型积水凤梨。属于比较强健的品种，极耐热，生长缓慢，因较难开花，所以也难繁殖。它和其他积水凤梨一样，栽种在塑料盆时，植株基部要保持积水。如螺旋桨般的花朵直径7 ~ 8厘米，具有甜香味。

霸王凤（法官头）
T. xerographica

Data

类型	银叶
大小	大
栽培容易度	🌾🌾
购买容易度	🪣🪣🪣
花色	紫

　　'霸王凤'拥有皮草般质感的宽叶聚拢成束，深受花友喜欢。在危地马拉大多为栽培种，以较便宜的价格就能购得，这也是它的优点。直接栽种在室外也无妨，若在室内栽培，浇水后一定要将积存在叶间的积水去除。

Chapter 3

空气凤梨的
基本栽培法

本章将介绍各式各样的原生空气凤
梨所喜好的环境及基本栽培法。

适合放置的场所

　　各式各样的空气凤梨原本生长的环境都不同，不过基本上它们都是附生在树木上，在阳光、空气、降水和雾气等共同作用下形成的高湿度环境中生长。

　　在栽培时，必须花点心思，一方面创造类似原生地的生长条件；另一方面根据不同的季节，变换放置的场所和调整给水量等。

春至秋季

■ 最低气温若为7℃以上时，将盆栽移到室外。勿让阳光直射，放在有散射光的露台或庭院的树荫下管理。

■ 最高气温若为30℃以上时，尽量移到遮阴处。

冬季

■ 最低气温若降到8℃以下时，请将盆栽移到室内隔着蕾丝窗帘能晒到太阳的地方。

■ 隆冬时，盆栽可以移到室内阳光能够直射处，浇水后尽量保持通风。

浇水

　　空气凤梨具有耐旱的结构，但基本上是喜水植物。浇水时，请给予大量水分，让植株整体充分淋湿。绿叶种较难保持水分，所以请增加浇水的次数。

　　春秋季，每周浇水 2 ～ 3 次。如果夜间浇水，盆栽的湿气能保持 2 ～ 3 小时，因此植株生长状况会变好。在气温低的冬季，可在上午浇水，控制在每周浇 1 次左右。

① 日常浇水

　　盆栽若放在室外，可用喷壶大量浇水。此外，让盆栽淋雨，植株能更健康地生长。若放在室内时，可用喷雾器来浇水，让植株整体都充分淋湿。也可以将盆栽拿到浴室或盥洗室等处，直接将它们泡入水中，这种方式也很简便。

② 浸泡

刚购买的植株枯萎了，或因外出旅行等状况太久没浇水时，采用一般的浇水方式，盆栽也无法恢复生机。这时，可以选用浸泡方式来应对，在水桶或水槽中装水，将空气凤梨放入其中浸泡，吸足水分。放在水中的时间最长不超过12小时（如果超过12小时，植株会因无法呼吸而枯萎）。但是，在气温5℃以下的冬季时，最好不要这么做。

施肥

空气凤梨即使没施肥，也能充分生长，不过在适当的时期施肥，植株可能更强健，生长得更快，出现一些让人欣喜的变化。开花后，主要在春秋季施肥，效果较好。冬季请勿施肥。

施肥可选用观叶植物专用的液态肥。将液态肥稀释成原液的1000倍左右，按照每浇水2次施肥1次的频率，以喷雾器喷洒。要注意的重点是，施肥后的下一次浇水要像冲掉肥料般浇淋植株。肥料残留在叶片表面，若浓度太高，也可能造成叶片枯萎。

防治病虫害

　　空气凤梨虽然很少发生病虫害，但是它们的叶和花仍可能受害。发现病虫害时，请立刻处理。

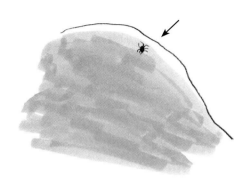

叶螨

　　一种极小的红色螨虫，以吸收叶片汁液为生，受害的叶片上会形成小斑点，导致叶色变差。叶螨不喜欢水，所以持续浇水，能将其驱除。

臀纹粉介壳虫

　　这是会附生在叶基等部位的害虫。叶基若发现明显的白粉，就有可能遭此虫为害。若放任不管，植株可能会日渐衰弱，甚至枯死，所以一旦发现，请尽早用吡虫啉可湿性粉剂等杀虫剂予以消灭。

蛞蝓等

　　蛞蝓会在夜间啃食花或嫩芽。如果发现，请及时捕捉驱除，或利用诱杀剂等进行捕杀。此外，马陆或木虱也会啃食叶子表面的茸毛。

让植株开花

栽培空气凤梨的乐趣之一是观赏它美丽的花朵。不同品种，开出的花也形形色色，色彩鲜艳，十分美丽，其中有的花香味十足。以下介绍让空气凤梨开花的条件。

第一，注意阳光是否直接照射植株。请尽量让植株长时间接受日照，这也是培育出健康植株的条件。

第二，让植株长到适当的大小。空气凤梨只有长到适当的大小才会开花，因此，如果买到的植株还太小，需养几年才能开花。

下面介绍空气凤梨中容易开花的品种，以及数年才开一次花的品种。

容易开花的品种

如'多国花''章鱼''女王头''紫罗兰''鸡毛掸子''小精灵''琥珀'等。

'多国花'

'墨西哥小精灵'

'迷你紫罗兰'

数年才开一次花的品种

如'红花瓣''大白毛''利玛尼'等。

'红花瓣'

'利玛尼'

让植株生根

在原生地附生在树木上的空气凤梨，其根部也能吸收水分和养分。因此，固定根部让它附生，植株长根后会长得更快更健康。

但是绝大部分刚购买的空气凤梨，不是没有根，就是只有寥寥几根褐色的老根。因此，下面教你如何把这样的空气凤梨附生在漂流木或软木塞等物体上，使其生根。

附生方法1　固定在漂流木上

无根时

刚分株的子株还没生根，只要用心栽培就能长出新根。

☐1

在漂流木上打两个孔（两个孔保持一定距离），用铁丝缠绕植株根部，并将铁丝的两头穿过打好的孔，再固定植株。如果没有钻孔，可将铁丝缠绕在漂流木上。

☐2

在孔的另一端扭转铁丝，固定好植株。强力扭转铁丝时，要十分小心，避免弄伤植株。

☐3

在还没长出新根前，要牢牢地固定植株，避免移动。可再打一个孔，穿入铁丝，将漂流木吊挂起来。

有老根时

变成褐色的老根无法附生或吸收水分，可用订书针固定，更容易固定植株。

如果植株的根部很短，可选择较薄的素材。为了让根部穿过，先用锥子或螺丝刀等在素材上钻孔。

把根插入孔中，调整好角度。为了固定植株使其不摇晃，选好角度后，用订书机把根稳稳地钉在底座的背面。

在另一个地方打孔，穿入铁丝，可制作成吊挂用的挂钩。

附生素材的种类

漂流木
有各式各样的外形和大小，能够重现自然风景。

蛇木板
使用蓬松透气的木质材料制作的栽培基质，有板状或棒状。

软木塞板
橡树的树皮切割制成，有防水特性。

木屑料
用松树等植物的树皮碾碎制成，有各式各样的大小。

附生方法2 种在盆中

积水凤梨常种在盆中，不过，若选用适当的栽培基质及盆器，绿叶种和银叶种也能在盆中栽培。

盆栽的优点是水分会从盆中蒸发，对空气凤梨来说，较易维持适当的湿度。此外，长出新根附生后，植株能长得更好。

素烧盆和塑料盆都适合栽培空气凤梨。素烧盆的特点是容易干，但如果尺寸大就不易干，所以请选择小型素烧盆即可。塑料盆不易排水，建议用于栽培喜水的积水凤梨或绿叶种。栽培基质可使用浮石或木屑等。

素烧盆　　　　　　　塑料盆

基质的种类

浮石
有各式各样的大小，大一点效果较佳。具有优良的透气性。

水苔
栽种时，结实地填塞在盆里。保水性佳。

椰糠
椰壳碾碎制成，保水性佳。建议积水凤梨选用。

木屑
具有适度的保水性，与浮石混合使用，能创造良好的栽培环境。

空气凤梨的繁殖方法

方法一 以分株法繁殖

　　不同种类的空气凤梨，其子株的外形也各有不同。不过，多数品种不管有无开花，长至一定程度后都会长子株；少数品种在开花后才长子株。在P98中已介绍过容易开花的品种，也是容易长子株的品种。

　　长出子株的母株会停止生长，持续将营养输送给子株，让子株快速生长。繁殖时，选择适当时机将子株从母株上切下，子株的生长速度就会变慢。分离时，子株最好已长至母株大小的2/3。

长出 2 株子株的'粗糠'。大的子株已长到母株 2/3 以上的大小。

以手握住茎部，将母株和子株拉开即可。还没长到 2/3 大小的另一株子株则继续留在母株上。

容易丛生的种类
如'紫罗兰''贝吉''虎斑''小精灵''琥珀''多国花'等。

什么是丛生？

　　子株不断从母株上长出，成为群生的状态即为丛生。虽然长成丛生状要花很长时间，不过长大后一齐绽放花朵的姿态是无与伦比的。长时间栽培空气凤梨，请试着挑战将其栽培成丛生状吧！

　　虽然植株在丛生状态下，具有比单株更强健、更容易培育的优点，但这种状态容易积水，必须经常去除枯叶，放在通风良好处。

方法二 以种子繁殖

　　空气凤梨即使开花，自花授粉的结实率也很低。像'小罗莉'这样容易结实的品种非常少。花朵授粉后，含有种子的蒴果荚约1年成熟，从中会弹出长有茸毛的种子。将种子取出并搓掉茸毛，把其放在蛇木板中，每天以喷雾器浇水，1～2周即可发芽。栽培管理与母株同步，但必须更细心。许多种类必须栽培4～5年才会开花。

附有蒴果荚的植株。

蒴果荚弹出后，露出长有茸毛的种子。

种子发芽后经过数周，慢慢地形成子株。

经过 0.5～1 年，植株终于长到 5 毫米。

空气凤梨的 **12** 月栽培管理月历

前文中已说明各类型空气凤梨的特征和栽培方法，虽然种类不同，但基本的栽培方法大同小异。请以这份栽培月历作为基准，依据当地的气候条件，确认空气凤梨全年的栽培方法。

	放置场所	浇水	其他
4月	到了最低气温7℃以上的4月下旬左右，移至室外栽培	每周浇水2次以上（如果隔天植株完全干了，也可每天浇水）。傍晚至夜间浇水	(肥料) 开花前后或长出子株后，以每浇水2次施1次肥的频率来施肥（冬天不施肥）
5月			
6月			
7月			
8月	气温如果超过30℃，移到遮阴处		
9月			
10月			
11月			
12月	最低气温7～8℃时，请移至室内（最低气温若在8℃以上，即使是冬天也能在室外管理）	每周浇水1～2次。若栽培在温暖的室内，每周浇水2次以上也没关系。若栽培在寒冷的室内，每月浇水2～3次，请在中午浇水	(分株) 子株生长至适当的大小，全年皆可进行
1月			
2月			
3月			

常见问题 **Q&A**

烦恼Q&A

Q1 叶尖枯萎了，怎么办？

剪掉

A1 空气凤梨发生叶尖枯萎往往是缺乏水分造成的。只需增加日常的浇水次数就行。

但若是外侧的叶片慢慢地枯萎，则是老化现象，不用担心。

枯叶放着不管也没关系，但要将枯萎的部分剪掉。

Q2 叶片卷曲呈圆弧状，怎么办？

A2 这是植株太干造成的缺水现象。这时可增加日常浇水次数，如果叶片枯萎情况太严重，请进行浸泡（P96）。

如果盆栽或让它附生（P100），植株便会健康地生长。

Q3 为什么植株整体变色又变轻？

A3
这是因植株缺水或积水造成的腐烂现象。若发生这种情况，请剥除外面枯掉的叶子，只保留中央活着的部分，植物便能设法复活。如果连中心部分也枯萎了，这时很可惜，应该已救不回来了。空气凤梨比其他植物变化小，即使衰弱，从外观也很难看出，所以重点是平时就要仔细观察。

Q4 茎折断了怎么办？

从折断部分长出子株的'开罗斯'

A4
空气凤梨的茎如果折断了，大部分情况下都没关系。虽然折断的部分不一样，不过它们和多肉植物一样，会从折断处长出新芽。有茎类的空气凤梨较易折断，但折断处的上部还能存活，下部大多会枯死。根据不同的品种和状况，情况可能有异，所以先别放弃，请保持原状观察看看。

Q5 没有窗帘，空气凤梨也可以放在室内栽培吗？

A5 请尽量将空气凤梨放在明亮的窗边栽培。从春至秋季，让它隔着蕾丝窗帘在窗边接受日照，并打开窗户保持通风。

盛夏时，植株容易被晒干，请避免阳光直射。冬季时关上窗户，尽量让它接受阳光直射。若阳光太强，请隔着蕾丝窗帘让它接受光照。

放置加湿器或放在其他观叶植物的根部，以此来增加湿度。雨天时挂在窗外让它淋雨，植株会变得更健康。

期望 Q&A

Q1 我想让空气凤梨开花，该怎么做呢？

A1 购买时，请挑选已长大的成株，并且尽量让它长时间接受日照。不过须注意日照太强会造成叶子晒伤。住在公寓等社区住宅时可适当补充日照的时间，这样植株才较容易开花。也可以试着直接栽培比较容易开花的品种（P98）。

‘棉花糖’华丽开花的情景。

‘铜板’（左）和‘细叶蓝色花’（右）开出色调可爱的花。

Q2 我希望繁殖植株，该怎么做呢？

A2 有些品种容易长出子株，如'小精灵''大三色''贝吉'等。'大三色'一次甚至能长出5株子株。子株从母株中获取营养，所以太早与母株分离，其生长速度会变慢。如果希望子株迅速长大，请勿从母株上取下。但是子株不与母株分离，母株无法长出新子株，如果希望增加子株数量，当子株长到自己能独立生长的大小后，便从母株上取下，这样母株又会长出1～2株子株。

长出子株的'大三色'。

长出第三代子株的'墨西哥小精灵'。

Q3 我希望植株能长大，该怎么做呢？

A3 空气凤梨大多是中小型种，积水凤梨多数为大型种。可选择能长成大株的空气凤梨品种，如'霸王凤''费西古拉塔''大白毛'等。此外，将中小型空气凤梨栽培成庞大的丛生状（P102），也乐趣无穷。

'大白毛'也能长高到60厘米以上。

小型'可卡'也能因丛生变得相当壮观。

Q4　我想同时栽培多个品种，怎么做才好呢？

A4

可以将浇水次数一致的品种整合在一起栽培。较喜欢干燥环境的银叶种等，适合挂在通风和日照状况较佳的高处；而喜好水分的绿叶种和积水凤梨，则可放置在地面稍阴暗处。

此外，注意别让植株直接接触到叶基的积水，或在积水凤梨的叶间放置绿叶种，这样生长的情况也会变好。

Q5　如何能长期享受栽培的乐趣？

认真地持续栽培，笔者手中拿的是温室中栽培出的最大丛生状的'贝吉'。

A5

请不要担心空气凤梨的寿命问题。有的品种开花后，没长出子株就会枯死，不过大多数品种都能继续生存。栽培上不需要特别的技巧，或许有时会失败，但是最重要的是保持兴趣持续栽培。在不断栽培中积累经验，自然能减少失败，栽培得更好。不适合环境的品种也许长得不好，不过这样会剩下适合环境的品种，集合这些品种或许更有利于栽培。

享受空气凤梨的
花式栽培法

这里将介绍如何用喜爱的空气凤梨装饰生活中的各种场景和空间。

入口

在大玻璃瓶中，放入'霸王凤'等大型空气凤梨品种，墙上挂着'松萝凤梨'。

注：这里介绍的花式栽培法是将空气凤梨当作装饰。栽培时，请参考本书第 94 ～ 104 页内容适当地管理。将空气凤梨放入玻璃瓶中放养，植物便会枯死。所以若以这样的状态作为装饰，只能保持 2 ～ 3 天，之后恢复一般状态来管理。

台阶

以铁丝吊挂着丛生状的'萨克沙泰利斯树猴'和'蓝色花'。利用素烧盆或空罐等栽种'多国花''犀牛角''贝克利'等，也可以放在楼梯上当装饰。

居室

空气凤梨栽培在形形色
色的漂流木上各具特
色。图中有'危地马拉
小精灵''紫色巨型天鹅
绒''细叶蓝色花''长
茎小精灵'及'全红小
精灵'。

居室

在烧杯或培养皿等玻璃容器中，装饰上大小适宜的'小精灵''三色花''粗糠'等空气凤梨。

居室

椅子上的篮子里种满'小精灵''犀牛角''松萝凤梨''多国花''虎斑'等令人喜爱的空气凤梨。

居室

在铺入软木塞屑的鸟笼中，放入'火焰小精灵''多国花''萨克沙泰利斯树猴''犀牛角'等大小和颜色不同的空气凤梨。

桌子

放在手边的是'德鲁伊小精灵'等。墙上的软木塞板上栽种着小型空气凤梨。

厨房

'硬叶多国花''火焰小精灵'等小型空气凤梨搭配日式餐具。'粗糠'等有茎的空气凤梨则插在较深的盆中。

衣架

衣架上以铁丝挂着'可
洛卡塔''墨西哥小精
灵''贝吉'等丛生的空
气凤梨。

SPECIES NURSERY
在日本中井町的生活点滴

以下将介绍笔者经营的 SPECIES NURSERY 所在的神奈川县中井町，以及每天栽培各式空气凤梨的情况。

我在园艺店等地工作一段时间后，于2001年独立开设了 SPECIES NURSERY。一直在日本东京的小温室中栽培空气凤梨，但为扩展温室的规模，在2006年搬到中井町。我是日本九州人，但妻子（恭子小姐）却生于东京，搬到人生地不熟的地方，老实说，她心中原本感到有点孤寂与不安。可是在实际搬过来后，发现这里不仅气候温暖怡人，居民也让人觉得很温暖，一下子我们就爱上了这个城镇。

在温室里浇水的妻子，以及在检视一株空气凤梨的我。

　例如，当时我购买温室用地（农地）必须通过当地农业委员会的审查。可是，每个地区的状况不同，审查结果一直没有着落。但中井町的朋友对我非常好，许多人教我该如何办手续，多亏他们的指导，审查总算通过了。现在我能继续开设 SPECIES NURSERY，全靠这个城镇里朋友们的支持，我觉得一定要对他们有所回馈。

　中井町的另一个魅力是交通非常方便，走高速公路到东京只要 40 分钟，而且这里有山又有河，再走远一点还能看见海，一年四季景色优美，在天气晴朗的日子，从林间的某处还能远眺雄伟的富士山。在如此人景相宜的自然环境中，我想人和植物都能健康、茁壮地生存下去吧！

SPECIES NURSERY
神奈川县足柄上郡中井町

从普及种到稀有种，我们在这个温室里细心栽培着丰富多样的空气凤梨。

Tillandsia Handbook 与我

Tillandsia Handbook 出版时影响了许多人，笔者是其中之一。它是日本第一本空气凤梨专著，该书至今仍然备受空气凤梨迷的瞩目。

1990年我第一次见到空气凤梨，当时还是个大学生。那时空气凤梨刚引进日本没多久，它们被介绍成靠吸收空气中水分生长的植物。在此之前，我曾在国外的书中看过关于它的介绍，于是我买了几株，分别放在家里不同的地方试着养养看。之后，养在家中的植株都枯萎了，但放在外面能淋到雨水的植株却健康地生长着。因此，我了解到，空气凤梨不仅需要湿度，还需要雨水或雾气等水分，看着它们不断地长大相当有趣。

我之前从没想过将来要从事栽培植物的工作，大学毕业后，也只是工作之余基于兴趣，继续栽培空气凤梨。当空气凤梨开过数朵花后，我这个外行正自

Tillandsia Handbook
清水秀男　著
空气凤梨在日本上市不久的 1992 年，书中已介绍 120 个品种，是日本第一本空气凤梨专著。

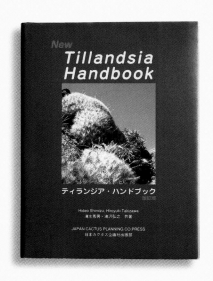

New Tillandsia Handbook
清水秀男　泷泽弘之 著
这 本 书 是 1998 年 出 版 的 *Tillandsia Handbook* 修订版。书中有 350 种以上的空气凤梨开花图。两位空气凤梨的先驱在书中也介绍了栽培时的建议，内容精彩翔实。

满于自己所知的那套栽培法时，在园艺店中偶然看到 *Tillandsia Handbook* 这本书。翻看内容，里面有我没见过的空气凤梨图片及原生地的介绍。此外，书中刊载的美丽图片中，所有植株都在非常好的状况下盛开着花朵，光看内容就令人雀跃。心里暗忖，我还差得远呢！通过这本书我了解到空气凤梨的魅力，从此一头栽入其中。

　　当时我还不认识作者清水秀男先生，以及 *New Tillandsia Handbook* 的共著者泷泽弘之*先生，不过在我辞掉工作走进植物领域后，在研究空气凤梨的过程中，也曾与两位先生会晤，至今一直承蒙他们多方照顾。我从他们身上学到很多，至今依然在学习中。说起来有点不好意思，他们真的是我相当尊敬的人，希望未来有一天我能够像他们一样。

* 泷泽弘之
日本凤梨科植物协会会长，医师，医学博士。1998 年，和清水先生共同撰写了 *New Tillandsia Handbook* 一书。发现了 *Tillandsia × marceloi*、*T. takizawa* 等凤梨科植物，并推动研究工作。

在日本能看到最多空气凤梨的植物园

热川热带鳄鱼园（Atagawa Tropical& Alligator Garden）是目前在日本能看到最多空气凤梨的植物园。我们请教了凤梨科植物的负责人，也是日本凤梨科植物栽培界首屈一指的人物——清水秀男*先生。他是热川热带鳄鱼园的热带植物负责人。1992年出版的日本第一本空气凤梨专著 *Tillandsia Handbook* 的作者。不只是空气凤梨，他对植物的知识涉猎广泛。

热川热带鳄鱼园分为本园与分园，以热带植物为中心，大约展示9 000种植物。其中最值得一看的是凤梨科植物专用的本园4号温室及展示空气凤梨的分园1号温室，能欣赏到800种以上的凤梨科植物。除了分园1号温室的通道上展示空气凤梨之外，在通道的另一侧空间（P123）还栽培着许多空气凤梨。

1975年，清水先生开始在热带鳄鱼园栽培空气凤梨。当时仅有凤梨科植物的温室，自德国进口50个品种后揭开了

上 / 分园1号温室中，空气凤梨和苏铁等一起展出，大多是长得很大的丛生植株。

下 / 在本园4号温室能看到美丽的凤梨科植物，重新展现原生地令人震撼的姿态。

收藏的序幕。1985年清水先生开始负责该温室，品种也大幅度地增加，现在精心管理着约300个品种。

清水先生表示："空气凤梨的魅力在于它们和其他植物都不同，栽培方法也很奇特。即使不种在土里，不太常浇水也能生长，是很独特的植物。不过虽说如此，它们毕竟是植物，也有生命，并非装饰品。栽培时若没充分了解适合该植物的环境，就种不出健康的植株，而且也不会开花。我出版 *Tillandsia Handbook* 的目的，就是想传达若能正确地培育空气凤梨，它们都会变得那么漂亮，开出美丽的花。我们在热带鳄鱼园费心展示，也是希望能够传递空气凤梨的美。"

不管在任何季节，园区内都能看到在近似原生地的环境中栽培出的美丽植株与花朵。喜爱空气凤梨的读者们，请务必前往园区欣赏。

左/这是以玻璃分隔的空间。加入日本凤梨科植物协会，才能在举办参观活动时入内参观。

热川热带鳄鱼园

日本静冈县贺茂郡东伊豆町奈良本 **1253-10**

上/1992年，清水先生在巴拉圭采集到的'白天鹅'。
中/比一般植株尺寸大上**2**倍的大型种'章鱼'。
下/清水先生在墨西哥采集到的'费西古拉塔'和'小精灵'的自然杂交种'妮兔丝'。

123

索引

	55	*T. latifolia* 'Enano Red form'	红香花毒药
M	56	*T. loliacea*	小罗莉
	57	*T. lymanii*	雷曼尼
M	57	*T. mallemontii*	蓝花松萝
	58	*T. magnusiana*	大白毛
	58	*T. mandonii*	曼东尼
O	60	*T. orogenes*	罗根
P	62	*T. paleacea*	粗糠
	64	*T. penascoensis*	小绵羊
	64	*T. peiranoi*	小海螺
	65	*T. plumosa*	普鲁摩沙
	65	*T. punctulata* 'Minor'	小型细红果
R	66	*T. recurvifolia* var. *subsecundifolia*	黄金花·胭脂
	68	*T. roezlii*	罗安兹力
S	68	*T. scaposa*	卡博士
	69	*T. seleriana*	犀牛角
	70	*T. schiedeana*	琥珀
	71	*T. somnians*	索姆
	71	*T. sprengeliana*	斯普雷杰
	72	*T. streptocarpa*	香花空凤
	73	*T. streptophylla*	电卷烫
	73	*T. stricta*	多国花
	77	*T. stricta* 'Silver Star'	多国花·银星
	75	*T. stricta* var. *albifolia*	多国花·阿尔比弗利亚
	77	*T. stricta* var. *piniformis*	多国花·比尼弗尔密斯
	78	*T. stricta* 'Hard Leaf'	硬叶多国花
T	79	*T. tectorum*	鸡毛掸子
	80	*T. tectorum* 'Enano'	鸡毛掸子·安那诺
	81	*T. tectorum* (Small Form, Loja Ecuador)	小型鸡毛掸子
	82	*T. tenuifolia* 'Fine'	细叶蓝色花
	83	*T. tenuifolia* 'Silver Comb'	银鸡冠
	84	*T. tenuifolia* var. *strobiliformis*	蓝色花·斯特罗比福米斯
	85	*T. tenuifolia* var. *Surinamensis* 'Amethyst'	蓝色花·黑旋风

图书在版编目（CIP）数据

园艺大师藤川史雄的100种空气凤梨栽培手记/（日）藤川史雄著；新锐园艺工作室组译. —北京：中国农业出版社，2020.10
（园艺大师系列）
ISBN 978-7-109-26874-6

Ⅰ.①园… Ⅱ.①藤… ②新… Ⅲ.①凤梨科–观赏园艺 Ⅳ.①S682.39

中国版本图书馆CIP数据核字（2020）第088434号

合同登记号：01-2019-5536

YUANYI DASHI TENGCHUANSHIXIONG DE
100 ZHONG KONGQIFENGLI ZAIPEI SHOUJI

中国农业出版社出版
地址：北京市朝阳区麦子店街18号楼
邮编：100125
责任编辑：国　圆　郭晨茜　杨　春
版式设计：国　圆　责任校对：吴丽婷
印刷：北京中科印刷有限公司
版次：2020年10月第1版
印次：2020年10月北京第1次印刷
发行：新华书店北京发行所
开本：880mm×1230mm　1/32
印张：4.25
字数：100千字
定价：42.00元

摄影：羽田诚、藤川史雄（P96 上）
设计：木村美穗（KIMURA 工房）
版式设计：驹井京子（日文原书封面、日文原书 P1~3、P112~119）
插图：须山奈津希
策划、编辑：成田晴香
协助：清水秀男（ATAGAWA TROPICAL & ALLIGATOR GARDEN）
摄影协助：吉祥寺·KICHIMU
摄影道具协助：UTUWA（东京都涩谷区千驮谷 3-50-11-1F）
AWABEES（东京都涩谷区千驮谷 3-50-11-5F）

FUJIKAWA FUMIO NO TILLANDSIA BOOK: AIRPLANTS 100-SHU NO SODATEKATA by Fumio Fujikawa

Copyright © 2014 Fumio Fujikawa, Mynavi Publishing Corporation
All rights reserved.
Original Japanese edition published by Mynavi Publishing Corporation.
This Simplified Chinese edition is published by arrangement with
Mynavi Publishing Corporation, Tokyo in care of Tuttle-Mori Agency, Inc., Tokyo through Beijing Kareka Consultation Center, Beijing

园艺大师系列 …

☞ 欢迎登录中国农业出版社网站：http://www.ccap.com.cn

☎ 欢迎拨打新锐园艺工作室服务热线：010-59194158

✉ 新锐园艺工作室投稿邮箱：xinruiyuanyi007@163.com

🛒 中国农业出版社天猫旗舰店　　新锐园艺工作室订阅号

封面设计：关晓迪

ISBN 978-7-109-26874-6

9 787109 268746 >

定价：42.00元